pour la Bque des Sociétés savants.

LOUIS CABELLO É IBAÑEZ

LA VÉRITÉ

SUR LE

PHILLOXÉRA VASTATRIX

BARCELONE
TYPOGRAPHIE DE EVARISTE ULLASTRES
1879

TRAVAIL PRESENTÉ

PAR L'AUTEUR

AU CONGRÈS TENU PAR L'ASSOCIATION FRANÇAISE
POUR
L'AVANCÉMENT DES SCIENCES

A MONTPELLIER

LE MOIS DE SEPTEMBRE MDCCCLXXIX

PHYLLOXÉRA VASTATRIX

LA VÉRITÉ

SUR

LE PHYLLOXÉRA VASTATRIX

PAR

LUIS CABELLO É IBAÑEZ

Proffesseur
de la faculté des sciences, section físico-químicas
Chimiste
Essayeur du Commerce, Membre correspondant de la société
d'Insectologie de France
Directeur du Laboratoire chimique de l'Association d'Excursions catalana
Fondateur secrétaire général
et président de la section des rélations internationales de la société Barcelonaise
protectrice des animaux et des plantes
correspondant de celles de Cadix, honorée avec médaille d'or
par ses travaux scientifiques par la société Enciclopedica italiana
et Circolo Promotore de Napoli
Proffesseur honoraire de l'Scuola Dantesca de Napoli
Membre de l'Association française pour l'avancement des Sciences
Directeur de la *Revue Zoófila barcelonaise*, et membre d'honneur des sociétés
Zoofilas de Palerme, Trieste, Turin, etc., etc.
Chevalier de l'Ordre américaine d'Isabelle la Catholique
Membre d'honneur de celle de la Croix Rouge de Belgique, de celle
de la Assistance internationale d'Afrique
&, &

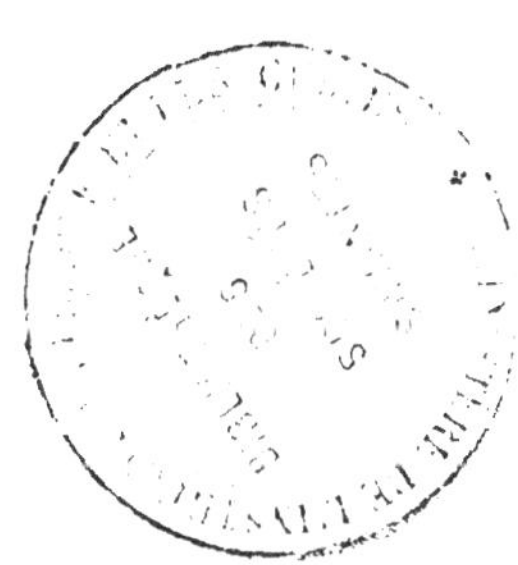

BARCELONE

TYPOGRAPHIE DE «L'ACADEMIE» D'EVARISTE ULLASTRES
Ronda de la Universidad, num. 96

1879

A l'Éminent et respectable Chimiste

Dr ALPHONSE COSSA

Directeur du Royal Musée industriel à Turin

Son Ami et Admirateur,

L'Auteur.

A mon très cher Oncle l'illustre Avocat

JOSEPH MARIE PANTOJA

Secrétaire au Suprême Tribunal de Justice

En souvenir d'affection et d'estime

Louis

AVANT PROPOS

Ce petit travail est dédié aux sociétés d'Agriculture, aux Commissions Agricoles, et, enfin, aux Bienfaiteurs et aux Protecteurs de l'humanité, des Animaux et des Plantes. Puissions-nous, par notre faible travail, avoir contribué a applanir les difficultés qui s'opposent aux moyens employés par les hommes dévoués qui ne reculent devant aucun sacrifice pour combattre ce terrible fléau, ce grand ennemi commun, qui n'est fort et jusqu'à présent invéncible, que par sa petitesse et sa multiplication phénoménale ; c'est un ennemi si redoutable que les agriculteurs ne prononcent son nom qu'avec effroi :

PHYLLOXÉRA

LA VÉRITÉ SUR LE PHILLOXÉRA VASTATRIX

Philloxéra de la Vigne

VUES GÉNÉRALES SUR LES GRANDES LOIS NATURELLES ET AGRICOLES

La nature veut que tout ce qui a été créé forme un harmonieux concert et qu'aucun être ne puisse trop se multiplier au détriment des autres ; autrement il formerait une note discordante ; voilà pourquoi : Plus un être, animal ou végétal, est propagé, soit par l'élévage, soit par la culture, plus aussi se développent les maladies qui tendent à le détruire, afin de rétablir l'équilibre parmi tous les êtres.

Les exemples que nous avons tous les jours sous les yeux nous le prouvent. En effet, la mortalité chez l'homme même est toujours plus grande dans les villes que dans les campagnes. Il n'est pas rare de voir les épidémies se déclarer dans les troupeaux de brebis, de porcs, dans les garennes où l'on élève les lapins domestiques. Ainsi dans un enclos où l'on élevait des lapins, ils avaient si bien prospéré, que dans deux ans le nombre s'élevait à plusieurs centaines, et cependant dans huit jours une maladie les a tous enlevés. Dites aussi à un cultivateur quelconque s'il peut semer deux ou trois fois de suite une même plante sur un même champ, ou si immédiatement après avoir arraché une luzerne, il peut l'ensemencer de nouveau avec cette même plante, ils vous répondront tous invariablement que non, qu'elle ni produirait rien ou presque rien sur la même terre, qu'elle garde la place pour d'autres plantes.

Dans ces derniers temps la vigne a pris un développement considérable, car le nombre d'hectares qui ont été plantés se chiffre par millions ; et immédiatement aussi sont apparues une infinité de maladies qui l'ont attaquée. De ce nombre sont : la pyrale, le gribouri, l'eumolpe ou écrivain, le xanthophylle ou jaunesse, l'oïdium et, enfin, le phylloxéra, le plus redoutable de tous ces maux.

Tout dans la nature est fait pour servir au grand *Banquet de la vie;* une prairie s'émaille-t-elle de fleurs, aussitôt les abeilles innombrables vont y butiner; au sein des mers y a-t-il un banc de terre où pousse une herbe marine délicate et tendre, des essaims de poissons viennent s'en nourrir, d'autres poissons plus grands, attirés par ceux-ci, viennent les dévorer, et c'est là que se rendent aussi les pêcheurs pour s'emparer de ceux-ci à leur tour. Ainsi tous les êtres de la création sont censés en guerre et ont une mission chacun en ce qui le concerne, d'accomplir leur travail, et poussé par l'instinct de conservation chacun exécute ce travail pour apaiser la faim. Donc il n'y a rien d'étonnant à ce que tous ces êtres familiques, allant à la recherche de leur nourriture, accourent en grand nombre et des tous côtés au festin copieux et succulent que la nature leur a préparé; c'est ce qui arrive pour la vigne. La nature se montre une mère attentive et prévoyante pour les plantes et les arbres naturels; mais elle se montre marâtre pour tous ses enfants assujettis aux soins de l'homme; pour ceux-là elle met toujours le remède à côté du mal: aussi ne voit-on pas le phylloxéra aux vignes sauvages ou lambrusques, et tandis qu'il détruit complétement les ceps d'une vigne, il respecte presque toujours ceux des bords des chemins, des lisières des bois, et ceux qui sont isolés; c'est parce qu'ils se rapprochent plus de l'état de nature.

En règle générale, il est bon d'alterner les récoltes sur une même terre, car la dernière plante a épuisé le sol des principes qui lui sont nécessaires, puis elle a laissé dans le sol des résidus, des dépouilles qui pour d'autres, seront des engrais, et pour elles seraient du poison.

ORIGINE DU PHYLLOXÈRA

D'où vient-il? Quand est-il venu? Voilà les questions dont nous allons nous occupper. On croit généralement qu'il a été importé d'Amérique où il existe depuis un temps immémorial sur leurs vignes sans que pour cela celles-ci semblent s'en trouver affectées. D'autres prétendent que c'est avec le guano des iles Chinchas ou du Pérou qu'il a été apporté. Il ne saurait être indigène, car on se rappellerait l'avoir vu d'autres fois, et on se serait aperçu de sa présence. Ou bien serait-ce une de ces maladies qui au temps jadis seraient déjà venues ravager nos vignes et puis serait disparues? On peut dire que c'est en 1865 qu'il fit son apparition sur deux points isolés, l'un dans le département du *Gard,* l'autre dans celui de *Vaucluse*. Depuis cette époque, il a déjà ravagé une grande partie des vignobles français. Il a fait son apparition en Angleterre, en Allemagne, en Italie, en Suisse, en Espagne, en Portugal et en Hongrie. De sorte que, si bientôt un remède efficace n'est opposé à ce mal, on peut calculer d'avance à quelle époque les vignobles seront détruits en Europe. De temps en temps on voit paraitre sur certains points du globe, et cela presque d'une manière spontanée, des quantités innombrables d'animalcules parasites, tantôt visibles à l'œil nu, comme les sauterelles, tantôt visibles seulement au microscope, comme le phylloxéra et une foule d'autres; d'autres fois si petits qu'ils se confondent avec l'air et font partie intégrante de l'atmosphère. Quant ces parasites infiniments petits s'attaquent aux animaux ou à l'homme, la maladie est appelée épidémie, peste, choléra, fièvres, miasmes, et quand ils s'attaquent aux plantes, les agriculteurs l'appelent rouille chez les graminées et légumineuses, blé et haricots, poux lorsqu'elle attaque les vergers, phylloxéra lorsqu'elle attaque la vigne, etc... On prétend que l'apparition subite de ces innombrables légions de parasites invisibles, est due au passage à l'horizon d'une comète ou d'autre astre, ou encore à l'action attractive du soleil combinée avec celle de la lune, qui ferait sortir de sous terre, et sous la forme de brouillard, les nuées de ces parasites, qui se répandant dans l'atmosphère, le vicient et amènent les épidémies dont il est question. Voilà pourquoi le choléra, la peste et le phylloxéra se comuniquent facilement, c'est parce que les animalcules qui forment cette maladie tendent à se porter sur les corps sains pour y trouver leur nourriture.

Comme on le voit, le phylloxéra n'est point un accident isolé dû au hasard, non, car dans la nature, bien au contraire dans cette harmonie universelle, tout y est si bien réglé, que tout a ses causes et ses effets, ses raisons d'être, ses similaires, et, enfin, ses amis et ses ennemis.

DÉTAILS SUCCINTS SUR LA PHYSIOLOGIE, LA BIOLOGIE ET SUR L'ENTOMOLOGIE DU PHYLLOXÈRA

L'insecte qui nous occupe a le corps ainsi que les pattes, les antennes, formés par des articles successifs, c'est donc un animal *articulé*. C'est un insecte essentiellement caractérisé par six pattes soudées aux arcs inférieurs du thorax; ellesont quatre articulations, la dernière se termine en crochet : sur la partie antérieure et postérieure, de chaquejonction il sort un petit poil. Les antennes sont fortes et formées de trois articles ; les deux premiers sont gros et courts, le troisième est grêle, taillé en biseau, surmonté de trois petits poils, c'est là l'organe du tact, de l'odorat et de l'ouïe. Les yeux sont placés à chaque côté de la tête ; assez saillants ils sont bruns et à trois facettes. Pour un animal qui a des habitudes souterraines c'est un appareil de vision très perfectionné ; ce qui indique qu'il peut facilement venir aussi à la surface du sol et qu'il ne craint pas la lumière du soleil. Sa trompe est formée de quatre articulations : elle peut se recourber en ligne droite ou oblique sous la tête. On la dirait formée par trois soies, l'une centrale, les autres lattérales et formant gaine par où, moyenant l'action de la capillarité, monte la sève dont il se nourrit; tel est aussi le suçoir de la punaise. Cette trompe ne rentre que d'un tiers dans l'écorce de la racine. Le corps est formé par des segments portant des petits tubercules au nombre de six pour les premiers et de quatre pour les derniers; il est arrondi en avant et presque terminé en pointe en arrière ; par son aspect général, il ressemble assez à un pou ordinaire; sa couleur est d'un brun jaunâtre, c'est là la description du phylloxéra femelle aptère dans l'une de ses principales métamorphoses. Le phylloxéra est essentiellement polymorphe; c'est un fait qu'il importe beaucoup de ne pas oublier, puisqu'il doit nous donner une idée de la facilité pour l'inmigration et de leur prodigieuse reproduction. D'après les calculs et les observations faites, un seul phylloxéra, dans une année, peut donner naissance à une génération de 30 millions d'individus.

Dans cet état de larve cet individu est très agile ; il agite vivement ses pattes et ses antennes, erre quelque temps comme s'il cherchait un emplacement à sa convenance, puis il plante son suçoir à l'écorce de la racine et se fixe. Par l'absorption des sucs de la vigne elle se développe et au bout d'une quinzaine de jours son abdomen s'allonge, et alors elle pond des œufs très petits et de figure ellipsoides ; ils mésurent 0 mm. 24 de long sur 0 mm. 13 de large. Dans les premiers temps la couleur est d'un beau jaune, puis ils prennent une teinte grisâtre. Au bout de 8 à 10 jours ces œufs éclosent et donnent naissance à une larve qui ressemble en tout à la mère, ayant cependant la trompe el les antennes et même les pattes plus grandes et plus fortes, ce qui indique que celui-ci est doué d'une vitalité et d'une force destructive supérieure à celles de leur mère.

Leur couleur est d'un jaune verdâtre. Leur agilité est aussi très grande ; elles recherchent aussi leur place; au bout de trois jours leur instinct le leur a indiqué ; elles y plantent alors leur suçoir et y restent fixées. Aux premiers jours les jeunes larves n'ont qu'un seul article aux tarses, mais elles en prennent deux en devenant adultes.

A mesure qu'elles se developpent, c'est-à-dire, qu'elles absorbent les sucs des racines, elles subissent trois mues espacées chacune de quatre jours ; c'est de là que proviennent toutes ces pellicules et ces dépouilles que l'on voit sur les racines des ceps phylloxérés. Au bout de vingt jours cette larve a acquis tout son développement, et à son tour, pond environ chaque fois 30 œufs, et cela pendant un temps plus ou moins long. Dans le Midi, les générations annuelles se succèdent du 15 Avril au 15 Novembre, et dans les pays ou peuples froids comme la Bourgogne, l'Orléanais et dans les Charentes, depuis le 20 Mai jusqu'au 1er Novembre. On est à peu près d'accord à compter en moyenne huit générations dans l'année, et en calculant sur le chiffre de trente œufs par mère, arrivé en Novembre on a d'un seul individu du printemps une postérité d'environ 30 millions de sujets.

On ne doit donc rien trouver d'étonnant dans la puissance destructive de ce fléau, quand on considère la grande multiplicité de sa cause. Vu cette grande reproduction, les aliments locaux ne pourraient suffire pour nourrir tant d'individus, et leurs descendants seraient obligés d'y mourir de faim, si la nature n'avait pas prévu celà, et si elle ne s'était mis dans le cas d'y remédier; c'est dans les moyens dont elle se sert à cet effet, comme dans tant d'autres que l'on voit éclater la prévoyance, l'intelligence, et le génie de la *Nature*.

PHYLLOXÉRAS MIGRATEURS(*)

Donc après un certain nombre de générations phylloxériennes, encore mal déterminées, on voit apparaître certains insectes, qui en comparaison des autres son très peu nombreux, mais son plus dévéloppés, plus longs et plus gros, et un peu plus étranglées vers le milieu du corps que les autres aptères adultes, et qui sont amenés à l'état d'insectes parfaits par deux mues de plus que leurs frères. Cette nymphe, après le changement de peau, laisse voir de chaque côté du corps les rudiments de deux paires de futures ailes, et au bout de six jours une dernière mue a lieu; les quatre ailes sont formées; l'insecte ailé paraît muni de tout l'appareil de locomotion aérien qui lui sera necessaire pour ses migrations, et pour aller au loin fonder de nouvelles colonies

Considéré dans un sens abstrait ou général, c'est-là un ordre inéludable dont la nature la chargé, mais pris dans un sens particulier et en vue des intérêts de l'homme, elle va semer de nouvelles ruines et de nouvelles dévastations. Il est prouvé que lorsque les nymphes ailées se montrent sur les renflements des radi-

---

(*) Les principales notices de ce chapître nous les devons au traité de Mr. Maurice Girard *La phylloxéra de la vigne*.

celles de la vigne, c'est que celle-ci est presque épuisée les racines pourries, et n'offre plus de nourriture aux phylloxéras; en ce moment les insectes ailés sortent de terre pour aller au loin, et les autres tâchent de trouver aux environs des souchs saines.

Cette femmelle du phylloxéra vastatrix, ailée est plus grande, avons nous dit, que son congénère aptère, elle atteint $1^{mm}\frac{1}{2}$ de long. Les deux ailes de dessous sont aussi longues que le corps, mais celles de dessus sont deux fois plus longues, arrondies vers le bout; sont comme de gaze claires, et un peu ternes vers les extrémités; elles ont de fortes nervures brunâtres; l'insecte les remue avec vitesse et dextérité, à l'instar des papillons, l'insecte, en cet état, est très-agile et très-remuant. Sa tête est large et surmontée de deux fortes antennes. Un peu au dessous on voit deux yeux noirs à plusieurs facettes. Cet appareil de vision tout en étant panoramique, lui permet de voir à de grandes distances, circonstance qui lui est utile, pour lorsqu'il est dans les hauteurs aériennes il puisse voir partout où se trou vent des vignes où il puisse s'abattre pour y trouver sa nourriture, et celle de ses nombreux descendants qu'elle va y installer. Le corps est plus grêle que chez l'aptère, son suçoir est identique, mais les antennes et les pattes sont plus longues, les jointures des articles plus velues, et les tarses sont pédonculés; sa couleur générale est d'un jaune gris avec une bande brune et irregulière sur le dos, enfin son aspect général est assez semblable à una cigale microscopique. Dans sa locomotion aérienne, sitôt qu'elle a vu et choisi son emplacement, elle s'abat sur les ceps, et avec son suçoir qu'elle plante sur les jeunes feuilles et les jeunes bourgeons, elle se nourrit de sève, qu'elle absorbe avec avidité. Bientôt après, soit dans le duvet des feuilles, soit sur le cep, elle pond des œufs de deux grandeurs différentes; les uns, appelés œufs femelles, ont 0^{mm} 40 de long sur 0^{mm} 20 de large; les œufs mâles n'ont que 0^{mm} 26, sur 0^{mm}13 de large. Au moment de la ponte ces œufs sont d'un blanc sale, mais ils deviennent ensuite jaunâtres. De ces deux natures d'œufs il en naît évidemment des insectes sexués. Les plus gros donnent naissance aux insectes femelles, et les plus petits aux mâles. Après la ponte ces œufs ne tardent pas à éclore et les insectes qui en résultent sont de vrais avortons, comme leurs fonctions ne sont que de s'accoupler pondre et mourir, à l'instar des papillons, des vers à soie, que tout le monde a vu; la nature ne leur a pas même donné de suçoir. Après leur naissance on les voit errer çà et là à la recherche du mâle; après leur accouplement les femelles pondent un seul œuf, et toujours sur le cep, toujours à l'air et sur l'écorce, où il est retenu par un crochet; sa couleur est d'un vert sombre, se confondant avec celle de l'écorce, de là la difficulté de le distinguer. Il est de forme cylindroïde et plus long que les trois œufs déjà vus.

Comme on le voit, le sujet ailé, fécond sans mâle, ne pond que sept à huit œufs, lesquels donnent naissance à des insectes sexués aptères, dépourvus d'appareil suçoir, et en cet état ne portant nul préjudice aux vignes, et dont les fonctions sont en tout semblables à celles des papillons de vers à soie; c'est-à-dire après l'accouplement, et la pondaison du seul œuf fécond, la femelle et le mâle meurent. S'il n'y a pas accouplement, la femelle pond quand même, mais son œuf est stérile.

Ainsi donc par cet œuf unique se termine le cycle phylloxérien comme par cet œuf commence aussi la rèproduction prodigieuse du phylloxéra. En effet, un œuf passe l'hiver sur le cep, arrivé au printemps il éclot et donne naissance à un sujet sans ailes, semblable en tout aux aptères des racines, il est très-vigoureux et très-vorace, muni d'un long suçoir, et il est très-fécond puisqu'il porte 24 gaines dans son abdomen, où sont alignés d'innombrables œufs; c'est dans cet état que le phylloxéra produit le plus de ravages.

A leur naissance les jeunes phylloxéras se répandent les uns sur les feuilles, et les autres rentrent dans la terre, s'attaquent aux racines; leurs descendants sont de moins en moins féconds par la réduction des gaines ogivères. En ce moment donc les uns attaquent la vigne en suçant la sève des branches et des feuilles; et les autres en suçant la sève des racines.

Voilà l'origine de ces tâches phylloxériques, et qui progressent comme le fait une tâche d'huile sur du papier. Tous les points d'une vigne ou d'une contrée où se sont abattues les femelles aillées dont nous venons de parler au bout de deux ans forment ces foyers ou tâches sinistres, effroi des propriétaires, où les *souches* meurent, formant des vides concentriques et augmentant le cercle d'une manière terrible. C'est à ces signes seuls, appelés tàches phylloxériques, que le proprietaire se rend à l'évidence de son malheur; il doit assister en temoin impassible et impuissant devant son ennemi redoutable, tant par sa petitesse que par sa multiplicité, et qui doit changer son bien être et sa joie, en misère et désespoir; tant qu'on n'aura pas découvert un remède efficace, pratique, a bon marché, et à la porté de tout proprietaire.

LA TEMPÉRATURE ET LE PHYLLOXÉRA

Plus un pays est chaud plus évidemment il est propice à la réproduction du phylloxéra, comme à tout autre catégorie d'insectes; mais il ne faut pas conclure de là que les pays froids soient à l'abri de cet insecte; en effet il a fait son apparition en Allemagne, en Angleterre, aussi bien que dans le Midi de la France. Les hivers très-rigoureux de 1870-71 n'ont pas enrayé d'une manière sensible la marche envahissante du phylloxéra. La nature a mille moyens pour préserver ses œuvres. Il et avéré et reconnu qu'au de-là d'une température de 10° centigrades au-dessous de zéro, les mères pondeuses et les œufs disparaissent; mais les jeunes larves subsistent et se fixent par leur trompe aux instertices de la peau des radicelles et des racines, où elles restent inertes et assoupies, à l'instar des loirs, des marmottes et souris, etc., à l'arrivée de la belle saison leur état de torpeur fait place à l'activité; elles se gonflent, signe évident qu'elles ont aspiré les sucs de la vigne; alors la peau de leur dos se fend et laisse passer des larves arrondies à l'aspect gras et de couleur jaunâtre, qui se propagent sur les racines.

MODE DE PROPAGATION DU PHYLLOXÉRA

Le phylloxéra soubissant différentes métamorphoses il s'ensuit que son mode d'invasion doit aussi être de différentes manières : dans son état de larve ou d'aptère il se propage par approche; dans les beaux jours d'été, on peut voir sur la terre des quantités d'insectes quittant leur souche presque desséchée pour aller élire domicile dans des ceps sains; d'autres fois c'est par les crevasses de la terre qu'ils vont á la recherche des ceps sains, et qui peuvent leur fournir une sève abondante et de nouveaux festins á leur voracité. Mais la principale et la plus terrible propagation se fait par la migration des sujets ailés, qui vont porter même très-loin la désolation et la ruine; mode de propagation d'autant plus rédoutable que pendant les deux premières années sa présence est dissimulée; lorsqu'on peut s'en apercevoir ses ravages sont très-considérables et presque incurables. D'ailleurs ce mode de migration est á peu près commun á tous les insectes cocciens ou aphidiens. Voyez les fourmis après une certaine période de générations, leurs œufs tout-à-coup produisent une génération ailée qui sort des galéries souterraines et qui est destinée á aller au lointain former une colonie nouvelle. Dans les aphidiens et chez les cocciens dans chaque génération il naît un certain nombre de sujets sexués et ailés qui s'accouplent et vont au loin porter leurs nouvelles générations, et ils savent très-bien choisir les arbres ou les plantes espéciales et appropriées à la nourriture de leur progéniture.

OBSERVATIONS

Tous les insectes en général, sont hydrofuges et surtout le phylloxéra qui est couvert d'un enduit que ne se laisse pas mouiller ni pénétrer par les liquides extérieurs. Il peut, donc, résister á l'action inmédiate de la solution la plus vénéneuse. Le phylloxéra, comme les autres insectes, peuvent aussi résister quelque temps á l'action toxique des gaz et des vapeurs; pour cela ils ferment les orifices respiratoires et conservent intérieurement assez d'oxigène pour l'hématose.

MOYENS EMPLOYÉS DANS DIFFÉRENTES CONTRÉES ET A DIFFÉRENTES ÉPOQUES POUR COMBATTRE LE PHYLLOXÉRA

Tout le monde sait que dans le Nort de l'Allemagne il n'existe pas de vignes, proprement dites ; si l'on en cultive quelque ceps, ce n'est que pour l'ornement des jardins, ou pour la production du raisin de serre, et encore ce n'est que sur les côtaux entre l'Elbe et le Weser, non loin de Hambourg. Il est un fait á observer, que ces vignes, malgré leur isolement, la latitude du pays, et leur éloignement des foyers phylloxériques, n'ont point échappée aux dévastations de cet insecte. En 1876 le phylloxéra fut constaté dans quelques établissements particuliers d'horticulture et même dans les jardins de l'État, situés à Hambourg, surtout sur des ceps élevées en pots. Le commissaire de l'Empire allemand s'y étant rendu à cet effet, tous ces ceps ont été brûlés et les pots détruits en sa présence. A quelques kilomètres de la ville d'Hambourg il y a un village appelé Eppendorf; cette même année dans une serre particulière, le phylloxéra y fit son apparition, et s'il faut en croire la légende, une veuve d'Hambourg appelée Sottorf, le fit disparaître en y appliquant un remède de sa composition, qui resta secret, et les ceps auraient été guéris sans recourir à l'arrachage, ni sans qu'ils eussent souffert du traitement. Cette même veuve Sottorf fut appelée en 1877 à Bordeaux pour y essayer son remède; mais on ne sait encore rien de positif ni d'officiel sur les résultats obtenus, si toutefois résultats il y a. Depuis l'année 1876 on n'a plus revu de phylloxéras dans ces contrées. (Rapport du Consul général de France à Hambourg, année 1876.) On a constaté le philloxéra dans des ceps de serre en Angleterre; on a détruit par le feu les ceps infestés. Dans l'Orléanais les vignes appartenant à Mr. Chauvelin et Mme veuve Hoton, atteints par le phylloxéra et traitées par le sulfocarbonate à plusieurs reprises et bodigeonnés aussi par la même substance, semblent s'améliorer et on se berce dans l'espoir de les régénérer ; je crains bien qu'à l'avenir ne les déçoive de cette illusion. (Comité de Vigilance du Loiret.)

Dans le Beaujolois on a employé le sulfure de carbone solidifié et le sulfo-carbonate d'ammoniaque sulphydrate. Les résultats sont encore attendus; un des travailleurs a été gravement malade des émanations du sulfure.

Mr. Lenoir a fait une composition avec du sulfure de carbone uni à une matière qui l'empêche de se volatiser trop vite, pour laquelle il a pris un brevêt d'invention; il a traité une vigne qu'on dit assez belle; mais victime de son zèle il a été malade plusieurs jours pour avoir respiré des émanations du sulfure de carbone. (Comité de Vigilance du Rhône.)

Au moyen d'une application énérgique de sulfure de carbone on peut supprimer une tâche circonscrite et nouvellement formé, il retarde ainsi pour un temps plus ou moins long l'invasion de toute une contrée. Il faut répéter sans cesse: toute vigne atteinte de phylloxéra est condamnée fatalement à périr, si par un remède opportun on ne vient pas à son secours. Il n'y a pas d'exception à cette règle. (Comité de Saône et Loire.)

Les vignobles en 1877 ont l'aspect le plus navrant, le puceron, poursuit sa marche destructive; il se rit des efforts de la science et des insecticides tan anciens que nouveaux.

Le sulfure de carbone a donné des résultats divers, assez bons chez les uns, tout-à-fait nuls chez les autres; en général on l'a employé à la dose de 210 kilogrammes par hectare et par opération (deux ou quatre par année). Mr. Veirane, fabricant d'engrais à Marseille, a essayé un anti-phylloxérique de son invention, dans une propriété de St. Léger ; mais il n'a donné aucun résultat. (Comité de Surveillance de Draquignan.)

La méthode de Faucon, submersion hivernale de la vigne, et fumures intensives, sont conseillées partout où elles sont praticables, replantations par des vignes provenant de semies et des vignes américaines, et emploi des cubes gélatineux de Mr. Rohart. Tels sont les conseils qui donne le Comité d'expérimentation de Toulon.

Mr. Catta, dans son rapport dit l'avoir employé aux vignes phylloxérés de la Côte d'Or, dose moyenne de 36 grammes par mètre carré et dose extrême de 144 grammes par mètre carré; d'après ce même rapport, les résultats furent satisfaisants. Schéma dressé par Mr. Catta:

Traitement du sulfure de carbone à haute dose sur une demi hectare

Sulfure 720 kilos á 50 fr. le 100	360
Journées d'hommes 48 à 3'50 fr.	168
Journées de femmes, de 1 á 2 fr.	96
Dépenses accessoires.	30
	654

Ce qui porterait la dépense d'un hectare à 1,308 fr.

Traitement à petite dose sur la zone de sûrété, sur une surface de 1 hectare et demi.

Sulfure à raison de 36 gr. soit pour $1\frac{1}{2}$ hect.	
540 kil. à 50 fr. les 100 kil.	270
72 journées d'hommes à 3'50 fr.	252
72 journées de femmes à 2 fr.	141
Frais divers.	48
	711

Donc l'hectare coûterait 476 fr.

Dans le courant du mois de juillet 1877 le phylloxéra a été découvert dans les jardins de Sachsenhausen sur

Metz. Ces ceps son arrachés et brûlés, le terrain a été soumis à l'action des produits chimiques, revêtu d'une couche de cimentet recouvert d'asphalte. Il restera dans cet état pendant un certain temps. Ces ceps infestés provenait des pepinières de Mr. Simon de Metz. Depuis cette époque un cours gratuit sur le phylloxéra est établi à Geinsenhein, un professeur spécial s'applique a le faire connaître.

L'apparition du phylloxéra dans la province de Malaga en Espagne, a été tout un évènement et a donné un démenti formel à ceux qui s'étaient endormis dans une fausse securité en croyant et en tâchant de persuader aux autres, que le climat chaud d'Espagne le méttait à l'abri du puceron; ce qui confirme ce que nous avonsdit; à savoir, que le phylloxéra peut se dévélopper sous toutes les latitudes.

Son éxistence fût d'abord reconnue que dans un seul vignoble, mais le mal remontait déjà à deux ans; pendant cette période son peu de progrès le fit passer inaperçu; lorsque subitement, son développement fût tel, qu'il prit le caractère d'un désastre; on s'est adréssé à des personnes compétentes, on en a informé le ministre des Travaux publics, le Conseil supérieur d'Agriculture, qui après avoir reconnue qu'on était en présence du phylloxéra, ont cherché un moyen pratique et efficace pour combattre un fléau qui menaçait la Peninsule dans une de ses principales richesses. A cette occasion le ministre des Travaux publics a dit: jusqu'ici la science ne connâit qu'un seul remède radical, pour éviter ou atteindre la contagion, c'est celui d'arracher et de brûler sur place les ceps malades.

A cet effet on formerait des zones territoriales pour combattre le mal. Ces mesures, a-t-il dit, causeront un préjudice au propriétaire, mais on l'indémnisera; cette indemnité ne pourra être porté que sur les vignes saines comprises dans les zones destinées à l'arrachage; mais nullement sur les plantes déjà atteintes et qui pourtant, sont déjà sans valeur. Voilà, en résume, toute l'économie du projet de loi qui a été voté aux Cortés à cette époque (1878). Il n'est pas difficile de voir tout ce qu'il y a ici de déffectueux; quant aux indemnités, les propriétaires savent bien à quoi s'en tenir, et le moyen barbare d'arrachage est, en général, mal vu par le public. Ce qui fait que tout propriétaire cache autant qu'il le peut, la présence du phylloxéra dans ses vignes, de peur de se les voir arracher; tandis que pour le bien général il devrait le divulguer. Quant on aura tout intérêt à surveiller le mal et à le dénonce à la moindre apparition, pour qu'on vienne à son aide, n'étant plus alors sous la crainte de voir arracher ses vignes, de par les ordennances. La loi espagnole, votée à cette époque, contre la défense du phylloxéra, comprent 16 articles.

D'après les rapports du Consul général de France en Italie, ce royaume qui paraissait à l'abri du phylloxéra étant separée au Nort de la France par l'épaisse chaîne des Alpes, a été envahi cette année. Le terrible puceron a été découvert dans les vignes de deux villages différents du Piémont. Les vignes de la Sicile, d'après les rapports du consulat de Palerme, continuent d'être à l'abri du phylloxéra. Dans un pays ou le terrain est si riche en souffre, les continuelles émanations sulfureuses, seraient un excellent antiphylloxérique dans le cas où il viendrait faire son apparition; vraiment ici, le remède serait à côté du mal.

Quelques auteurs, et entre autres Mr. Mazaros, Coussenel, etc., pensent que la destruction des petits oiseaux par l'homme à livré nos vignes à la destruction de la pyrale, de l'oïdium, et, finalement, du phylloxéra. En effet, les oiseaux sont, pour ainsi dire, les régulateurs entre la trop grande propagation des insectes nuisibles et nos récoltes. Tous les petits oiseaux, en effet, trouvent en ces insectes tous boursouflés du suc parfumé des plantes, un délicieux repas, en dehors des insectes, ils devraient se nourrir de graines, qui pour eux forment une nourriture très-médiocre, et d'ailleurs trop-dure pour être brisée par leur faible bec. Moi-même aux prémiers beaux jours de printemps j'a remarqué une fauvette qui chaque matin faisait une chasse acharnée aux coccіens qui avaient envahi un figuier du jardin qui était sous ma fenêtre, il me semble encore voir ce pauvre petit oiseaux sauter de branche en branche et becqueter sans trève de tous côtés, soit sur les feuilles, soit au dessous, soit sur les branches et sur les bourgeons; il fallait voir lui exécuter des tours de gymnastique hardis pour aller chercher les larves, l'insecte ou les œufs, partout où ils se trouvaient. J'ai été désolé lorsqu'un beau matin le maître du jardin lui a posé un piège et le pauvre petit oiseau sans défiance y a été pris et mangé. On voit, donc, la barbarité et l'ignorance de l'homme; au lieu de protéger cette bête par le bien qu'elle lui faisait, il s'est montré son bourreau, et celà par le seul plaisir de détruire, car il ne pourrait pas objecter, que c'est pour la manger; car un escargot a plus de chair qu'elle. Au commencement du printemps on voit arriver une infinité de petits oiseaux, qui voltigent avec vitesse dans nos champs, nos prairies et nos jardins. A cette époque de l'année, surtout la grande éclosion d'insectes a lieu, c'est par instinct que cette multitude d'oiseaux émigrent et viennent se nourrir des insectes dont nous avons parlé, il y en a un surtout, l'hirondelle, que tout le monde connaît, qui pour elle et ses petits fait une consommation énorme d'insectes. On prétend que vu la destruction des grands et des petits oiseaux d'Egypte par les braconniers et les pipeurs de ce temps, Moïse put prédire à Pharaon les plaies qui ont désolé ce pays par les insectes. Le culte des oiseaux en Egypte, et qui était bien antérieur à Moïse et à Joseph, vient évidemment des savants primitifs de ce pays, qui ont pris ce moyen pour protéger les défenseurs naturels des récoltes en divinisant les oiseaux. Mais leurs successeurs ont mal interprétée cette sublime pensée; ils n'ont maintenue que la divinité de l'Ibis; et les autres ont été traqués et tués par les oiseleurs de ce temps. Et encore cette cause de la divinité de l'Ibis, est bien contestable; car d'autres croient, que c'est oiseau étant monogame, les anciens prêtres d'Égypte aimaient à opposer ses mœurs pures, aux habitudes très-corrompues des populations qui habitaient ce pays ; les crues du Nil, qui féconde ce pays, étaient prédites par l'apparition de l'Ibis aux bonnes mœurs. Les hivers froids et rigoureux détruisent un grande quantité d'insectes, aussi peut-on remarquer que les années qui suivent ces hivers sont généralement très-fertiles. On croit, donc, que si la quantité de petits oiseaux était plus nombreuse dans. nos campagnes, on verrait les années d'abondance moins rares. Ce doit bien être pour quelque utilité que l'Angléterre et les Etats-Unis, croyant que la disparition de petits oiseaux était le suicide, pour ainsi dire, de l'agriculture, ont mis les petits oiseaux sous leur production, et ont dicté des lois et ordonnances qui punissent de l'amende et de la prison celui qui tuerait ou ferait le moindre mal à ces petits êtres.

On prétend que si les petits oiseaux existaient en quantité suffisante, ils suffiraient pour arrêter les progrès du phylloxéra en dévorant toutes les femelles ailées et pondeuses qui se déposent sur les pieds de vigne; partant de ce principe on a pensé que si o 1 repeuplait un pays de petits oiseaux, on le mettrait a l'abri du phylloxéra; mais tout ceci ce sont des idées trop-absolues, trop-obscures, que l'on ne peut croire, que sous bénéfice d'inventaire; quoique il est incontestable que les petits oiseaux, par la destruction qu'il font d'une grande quantité d'insectes, de larves et de vers, font un grand bien à l'agriculture, mais de là à croire qu'ils peuvent arrêter l'épidemie phylloxérienne, il y a très-loin, et il n'est rien moins que douteux, et impossible et exagéré. Cependant, ce qui est certain, c'est qu'ils méritent d'être protégés par le bien qu'ils font à l'agriculture.

DES DIVERS ENGRAIS ET LE PHYLLOXÉRA

Mélangez de la poussière (d'après Mr. Mazaros) de marron d'Inde avec de l'écorce de chêne du noyer, mêlées, etc., ajoutez y environ 25 p°/₀ de plâtre. La destruction du phylloxéra de nos vignes, se fera : premièrement par la cessation absolue de la destruction des petits oiseaux ; secondement, par l'emploi économique de divers engrains amers-insecticides à bon marché.

Autre engrais liquide :

Prenez 4 kil. groudron, dissoudre dans 4 kil. d'ammoniaque, ajoutez l'eau peu à peu et un peu d'alcohol pour activer l'opération, ajoutez à ces 30 litres environ, 10 litres d'eau de baquet de serrurier, ce qui donnera environ 40 litres de mélange. Versez le tout dans une barrique de 2 hectolitres environ, où préalablement vous aurez mis 60 litres à peu près de poussière ou rachures de végétaux. On obtiendra ainsi environ 100 litres ou 90 d'un liquide qui servira à arroser au moins 300 ceps.

Autre angrais :

Broyez les sarments, faire macerez 15 jours dans une grande cuve, avec de l'eau de baquet de serrurier, en y ajoutant 3 litres de cendres en poudre, quelques morceaux de vieux fer pour augmenter le ferrage de l'eau, 15 kil. de chaux vive par hectolitre, puis ajoutez de la poussière de paille ou d'herbes pour épaissir un peu l'eau, et repandre les sarments macérés, et leur eau autour des ceps à un rayon de 50 centimètres.

Autre :

Mélangez par quantités égales, sciure de bois et chaux ayant servi à l'épuration des gaz, avec 20 p. °/₀ d'eau de baquet de forgeron, repandre cet engrais dans les vignes en Février, pour qu'il soit absorvé par la terre, pendant l'arrêt de la végétation.

Mr. Dumas a proposé le sulfo sel, qui n'est autre chose qu'une combinaison du sulfure de potassium avec le sulfure de carbone. La solution dosée à un centième suffit, dit-on pour tuer le phylloxéra. Il en a proposé encore un autre: c'est le sulfure alcalin de sodium et du sulfate d'ammoniaque des usines à gaz ; celui-ci doit être employé à l'état solide ou en solution concentrée; sa partie active peut seule consister à leurs dégagements souterrains, par réaction de l'acide sulphydrique. On a proposé aussi le même sulfure de baryum, l'insecticide Vicat qu'on introduit dans la terre avec un pal ; le drainage, le sel, le soufre, la suie, la plâtre, les cendres, etc.

La submersion est radicalement efficace, mais aussi très-couteuse et impraticable presque dans la généralité des vignes. Ce procédé consiste a tenir la vigne sous l'eau pendant l'hiver durant au moins un mois; l'inondation en été ou au temps de la sève nuirait beaucoup à la vigne et à la recolte. Mr. Faucon a obtenu une vraie résurrection de ses vignes par ce procédé. Mr. Espitalier a proposé aussi l'ensablement artificiel des vignes, procédé impraticable par son coût, et puis inéfficace puisque on connaît des vignes plantés même dans le sable, et qui on été détruites par le phylloxéra, on a aussi conseillé le tassage des terres à l'entour des ceps. On a proposé le remplacement de nos vignes par les vignes américaines. A première vue seule, on pourrait voir que cette vigne a en elle trois défauts radicaux et incontestés, qui devraient la faire bannir et rejeter énergiquement: 1° le phylloxéra est en elle en état permanent; 2° leur culture ne peut se faire guère qu'à l'état arborescent; c'est même á cet état d'arbre seuvage, comme on la cultive en Amérique, à l'instar de nos treilles, qu'elle doit sa résistence au phylloxéra; et 3me elle donnent un vin mediocre, a goût foxé, pour ne pas dire éxécrable (*).

Un chimiste italien n'a pas craint de proposer la dynamite pour tuer le phylloxéra par conmotion, et d'ameublir la terre pour la rendre, propice à la défusion de gaz. (**) Enfin, nous finirons ici la nomenclature des prétendus remède qu'on a proposés, et pour ne pas trop abuser du lecteur nous passons sous-silence ceux qui

(*) On a proposé le greffage des vignes Européennes avec les Américaines ; mais cela ne donne aucun résultat.

(**) On a proposé aussi l'électricité.

en dernier lieu ont été indiqués par des chimistes Italiens, Allemands et d'autres. Nous allons résumer ces moyens et les diviser en cinq catégories ou groupes :

Premier. Moyens mécaniques. — Drainage, toiles tendues et graissées, des tranchées creusées à un métre de profondeur. Dynamite, tassage, ensablement, submersion, arrachage, etc.

Second. Moyens chimiques. — Sulfure de carbonne et ses dérivés; en général, et comme nous venons de le voir, les auteurs de ses moyens n'ont pu se proposer qu'un but: introduction dans le sol d'une substance toxique solide, liquide ou gazeuse qui atteigne toutes les parties des racines de la vigne et qui impreigne toute la terre qui entoure le cep pour détruire tous le phylloxéras.

Troisième. Moyens botaniques.—Il consiste a cultiver entre les vignes diverses plantes aux sucs acres, et visqueux et puis à les enfouir au pied.

Quatrième. Moyens curatifs.—Les trois procédés cidessus peuvent être classés parmi les curatifs proposés.

Cinquième. Moyens préventifs. — On a conseille la culture à travers les vignes des plantes antipathiques aux insectes; l'arrosage des terres et des ceps dans les beaux jours de printemps et d'automne; par les insecticides déjà vus; d'enduire le collet du pieds du cep avec du goudron, remplir aussi le trou de déchaussement, etc.

Au moment où nous écrivons ces lignes des nouvelles nous arrivent de tous les côtes annonçant l'invasion de vignes jusqu'à présent et qu'on croyait, par leur position topographique, à l'abri du philloxéra. Tels sont les vignobles de Sallèles, d'Aude, de Peyriac-la-Mer, Paziols et dans la Narbonnais, et de Tautavel, Prades, Saint-Jean-la-Selle, etc., dans le Roussillon (Pyrénées Orientales) et dans l'Ampurdan (Catalogne).

Si donc, comme on le voit, aucun de nombreux remèdes proposés par des personnes, d'ailleurs respectables et remplies de bonne volonté, n'a atteint le vrai but, c'est que la recherche de leurs auteurs repose sur une erreur palpable, de n'étudier en ses rélations la culture de la vigne, sa chimie, et la biologie, ainsi que les habitudes du Phylloxéra. Voilà pourquoi toutes les recherches ont été faites a tâtons et au hasard, et partout infructueuses. Mais soyons convaincus que l'extirpation de cet insecte polymorphe doit se faire et se fera.

CONCLUSION

CONSIDERATIONS GÉNÉRALES

Nous sommes arrivés à la partie la plus interessante de notre travail. Il y a plus de dix ans que des hommes d'un génie superieur à titres divers, émus par les calamités qu'entraîne chaque année le phylloxéra, se sont mis à l'œuvre, et comme nous l'avons déjà dit, les uns pour étudier les mœurs de cet insecte, et pouvoir en faire son entomologie complète, et les autres, en plus grand nombre, se sont mis à la recherche d'ingrédients solides, liquides ou gazeux, pour l'attaquer soit dans ses repaires souterrains, soit sur les branches et les feuilles des vignes. Quelques uns ont composé certains engrais qu'ils ont presenté comme insecticides et recommandé l'emploi. On a préconisé des moyens mécaniques, botaniques et chimiques comme devant être efficaces. On compte plus de mille recettes qui toutes au dire de leurs auteurs devaient infailliblement nous délivrer du phylloxéra. Mais hélas! il faut l'avouer. Dans ce grand combat ou d'un côté s'y trouvent les hommes les plus autorisés dans les sciences suivis par une phalange de chercheurs doués d'un grand courage, et de l'autre, le terrible puceron, la science, le courage, les efforts ont été vaincus; le phylloxéra malgré tants d'efforts employés par les États, les comices et les particuliers, a toujours suivi sa marche envahissante sans que tous ces moyens aient paru même contrarier ses nombreuses et florissantes colonies. Enfin, après dix années de lutte, et en nous assurant toujours avoir trouvé, et employé le moyen d'arriver à l'instinction de cet aphidien, nous le voyons plus prospère que jamais et multiplier d'autant plus ses points d'attaque que l'on redouble d'éfforts pour le détruire ; c'est sa manière à lui de nous faire sentir sa victoire. De sorte qu'aujourd'hui on peut presque assurer, si l'on n'emploi pas immédiatement un moyen radical que la plupart des vignobles sont en son pouvoir et que le restant est menacé d'y tomber dans un temps plus ou moins long.

Loin de nous cependant de critiquer ou de mépriser tant d'efforts louables mais infructueux. Au contraire, tous ceux qui se sont occupés de cette question ont fait voir leur bonne volonté, et que l'insuccès soit venu détruire leur œuvre, ils n'en ont pas moins droit à notre reconnaissance et à notre estime.

De tous les traitements préconisés il n'y en a que deux qui sont à peu près sûrs et dont les effets sont radicaux: ce sont la submersion et l'arrachage (et si on y ajoute la plantation des vignes américaines en place des vignes européennes, c'en sera un troisième); mais ils ont aussi leurs inconvenients; on ne peut les employer qu'a une extrême nécessité et à défaut de tout autre moyen. En effet, la submersion est une opération par laquelle, après avoir bien nivélé la vigne et fait autres travaux pour empècher que l'eau ne s'écoule, on l'inonde pendant deux mois de l'hiver. Pendant ce temps-là l'eau s'infiltre dans la terre et la rend vaseuse, et tous les insectes qui s'y trouvent (compris le phylloxéra) sont asphyxiés et anéantis. Mais pour cette opération le nivellement du terrain et l'eau sont nécéssaires, et la plupart des vignes sont sur des còteaux, même celles qui sont dans des plaines ne jouissent pas partout du voisinage d'un cours d'eau. Ce n'est donc qu'un infime partie de vignobles qui peuvent bénéficier de ce procédé. Celles mêmes qui peuvent s'inonder, étant forcées de vivre dans un milieu qui n'est pas le leur, se ressentiront beaucoup de cette situation, et laisseront bientôt fort a désirer sur leur végétation leur fructification et sur la qualité de vin qu'elles produiront. Il faut aussi tenir compte des travaux préparatoires fort coûteux, et impossibles, à bien de propriétaires.

Quand un foyer d'invasion phylloxérien s'est déclaré et reconnu on a été d'avis et celà de part la loi, qu'il fallait opérer l'arrachage des ceps et leur destruction par le feu sous pretexte d'empêcher la propagation de la plaie, moyen barbare et inefficace, en effet; d'ailleurs pendant la première et le seconde année de l'invasion phylloxérienne la vigne semble ne pas s'en apercevoir ou du moins elle ne l'annonce par aucun signe extérieur.

A quoi servirait donc l'arrachage, puisque à côté on laiserait des vignes tout aussi infectées? On doit se proposer de guérir et non de détruire, quel qu'il soit le pretexte qu'on invoque. Il est un troisième moyen la substitution des vignes américaines aux vignes européennes. Ont assure que les vignes américaines résistiraient au phylloxéra. Ceci n'est rien moins que prouvé, au contraine il est certain qu'elle vit avec le phylloxéra sans en être incommodée. En Amérique on est certain de trouver des phylloxéras partout où il y a des vignes. Quelque grand que soit cet inconvenient il ne pas le seul, en effet, le climat, la nature du terrain et sa culture sont-ils ici identiques à son pays originaire? Il s'en faut de beaucoup. Et puis quel piètre vin donnent-elles en comparaison de nos crus si renommés!!!

Aussitôt qu'elles seront soumises à la culture des vignes européennes, les qualités, et aussi les défauts et sa résistance disparaitra. D'après tout ce que nous venons de voir, ni procédés ni moyens ni ingrédients inventés et proposés jusqu'à aujourd'hui, il n'y a rien sur lequel on puisse compter d'une manière efficace. Les propriétaires et les vignerons las de faire des essais inutiles, se découragent, et ne sont décidés a employer un remède proposé qu'avec une grande réserve et une grande défiance. Sans nous faire nulle illusion, le combat que nous livrons à ce terrible insecte est pour nous une question de vie ou de mort.

Il faut sortir des ornières de la routine et appliquer un traitement *rationnel*. Voici celui que j'ose recommander, bien convencu de l'efficacité de son emploi.

Notre traitement est divisé en trois parties bien distinctes, correspondant à chacune des évolutions du cycle phylloxérien.

Les voici : 1.° Traitement souterrain pour atteindre les phylloxéras aptères suçeurs des radicelles et des racines de la vigne.

2° Traitement du cep (branches, souches et feuilles) pour y atteindre les phylloxéras ailés et sa progéniture.

3° Traitement aérien (naturel ou botanique) pour agir sur les phylloxéras aériens ou migrateurs, et les éloigner de nos vignes.

TRAITEMENT RATIONNEL

ATTAQUE SOUTERRAINE

Dans 100 litres d'eau dans laquelle on a fait éteindre 10 kil. de chaux, versez-y 5 litres de sulfure d'ammonium, 3 litres d'essence de thérébentine, 2 litres d'acide chlorhydrique et 10 litres d'acide pyroligueux. On obtient ainsi 130 litres d'un liquide dont le contact ou les vapeurs tuent instantanement non-seulement le phylloxéra dans toutes ses métamorphoses, mais encore tous les autres insectes, tout en étant un engrais très-énergique pour la vigne. Pour l'employer on prend des joncs des marais, de la paille, surtout de seigle, que l'on coupe environ sur une longueur de 15 à 20 centimètres. (On peut employer encore les balles du blé et les marcs des raisins). Pe liquide étant mis dans une cuve, on y met 50 p.°/₀ de ces dernières matières que l'on y laisse macérer pendant 48 heures. Puis ces matières sont mises dans des tonneaux défoncés et transportés sur les vignes que l'on veut opérer; les souches ont été préalablement déchaussées sur un rayon peu près de 25 cent., et sur une profondeur d'environ 30 cent. de la première couronne de racines qui supportent la charpente du cep au fond de ce creux; on n'a qu'à y répandre 500 grammes de cette matière, dont les tubes sont remplis de liquide, et qui le détiendront long-temps comme dans un reservoir; par le véhicule des pluies, ces matières, gaz et sels, iront atteindre les insectes jusqu'aux plus petites radicelles du fond des terres, et en d'autres temps ils agiront de bas en haut, ne laissant ainsi ni trève, ni repos ni nul abri au phylloxéra souterrain.

Après cela on n'a qu'à combler ces trous avec de la terre.

TRAITEMENT DU CEP

Prenez 100 litres d'eau de chaux, ajoutez-y 500 grammes de soude delayés dans 500 gr. de pétrole, 5 litres d'acide pyroligueux, ainsi que 5 kil. de foie de soufre (polysulfure de potasium), et arrosez les ceps avec un arrosoir de jardinier ou avec tout autre instrument. Les émanations et les effets insecticides de ce liquide, persistant long-temps, le rendent precieux pour détruire et éloigner les phylloxéras migrateurs qui se seraient déjà posés sur les ceps et pour détruire leur progéniture, œufs ou larves s'il en éxistait déjà (*).

(*) Dans ce cas comme dans l'antérieur il faut entendre *eau de chaux* et non *lait de chaux*. L'eau de chaux n'est autre chose que l'eau saturée de chaux qui surnage au dessus du dépôt de la chaux. Tandis que le lait de chaux est l'eau surchargée de chaux non disoute et non encore déposée.

TRAITEMENT AÉRIEN INSECTIFUGE

L'odorat et la vue du phylloxéra ailé sont extrêmement dévéloppés; utilisant ces organes, elle va choisir les endroits où ses nombreux descendants puissent croître, et se développer à la faveur d'une nourriture saine et de la sécurité. Si dans son vol aérien il entrevoit des vignes mêlées à des plantes antipatiques à ses goûts, et que son odorat soit affecté en traversant une atmosphère impregnée d'odeurs qui son instinct repousse, il passera au large et s'enfuira vite de ces lieux qu'il juge funestes pour ses descendants et pour lui-même (*).

Il y a principalement deux plantes qui remplissent ces conditions-là ; il n'y a donc qu'à les semer au milieu des rangées des ceps. Leur mission n'étant que de protéger les ceps pendant le printemps et l'été, au 15 Octobre; elles sont coupées et enfouies aux pieds des souches et forment ainsi en hiver un engrais insecticide qui n'est pas à dédaigner ; on les sème de nouveau l'année suivante aux approches de printemps.

(*) Les atmosphères artificielles ont été bien combattues par quelques savants, mais nous sommes sûrs qu'un bon choix de plantes soit que par elles mêmes, elles n'atteignissent pas le but proposé, combinées avec notre procedé produiront d'excellents résultats.

Ces deux plantes sont: la Stramoine (Datura stramonium de Lin) (déjà indiquée il y a quelque temps), et l'hyèble (Lambucus Ebulusde Lin). Ces plantes ne sont attaquées par aucun insecte ni par aucun animal. En outre, par l'exhalaison continuelle de leur odeur vireuse nauséaise et très-désagréable, elles forment à leur alentour une atmosphère saturée de cette odeur repoussante et qui atteint très-bien le but qu'on se propose.

GLOSSAIRE

Acide chlorhydrique (synonymes) *acide muriatique, esprit de sel, acide hydrochlorique,* formule HCl.— Cet un gaz incolore fumant à l'air, en s'emparant des vapeurs d'eau qu'existent constamment dans l'atmosphère. Son odeur est suffocante et semble un peu celle du chlore. Sa saveur est caustique et très acide; sa densité de 1'25; ce gaz n'est pas permanent. Il est extrêmement soluble dans l'eau; elle peut dissoudre 500 fois son volume de ce gaz. L'acide chlorydrique n'existe en liberté dans la nature qu'en circonstances très espéciales.

On prépare cet acide avec du chlorure de sodium (sel marin) sur lequel on verse de l'acide sulfurique (vitriol): l'acide chlorhydrique se dégage en abondance; on le recueille sur le mercure ou sur l'eau, si l'on veut préparer la solution. Il est composé de deux volumes égaux de chlore et d'hydrogène.

La coloration que souvent porte la solution d'acide chlorhydrique provient de la décomposition du nitre qui contient toujours le sel marin. La solution d'acide chlorhydrique pure doit être incolore. Il est impropre à toute combustion: asphixie les animaux en désorganisant leurs tissus.

Acide Piroligueux — Nom donné à l'acide acétique obtenu de la destillation du bois à l'abri de l'air. L'acide pyroligueux a seulement un 7 p.%. d'acide acétique anhydre.

Chaux (protoxyde de calcium). (Il faut distinguer la chaux sèche anhydre de la chaux hydratée: la première correspond à la formule CaO et l'autre à celle CaO^2H^2). La chaux au contact de l'eau donne élévation de température. Sa saveur est caustique et amère. La chaux vive s'obtient par la calcination du nitrate ou du carbonate. 1000 parties d'eau dissolvent environ 2 de chaux. Est plus soluble à froid qu'à chaud. La chaux attire l'humidité et l'acide carbonique de l'air. On appelle eau de chaux la dissolution de chaux, et quand l'eau contient plus de chaux qu'elle n'en peut dissoudre on appelle *lait de chaux* (*).

La chaux à l'état de combinaison avec l'acide carbonique (*marbre*), avec l'acide sulfurique (*plâtre*) avec l'acide phosphorique (os) etc., et une des substances les plus répandues dans la nature.

Essence de Térébenthine.—Différentes espèces de conifères exudent une résine jaunâtre qui durcit à l'air. Soumise à la distilation elle fournit l'essence de térébenthine et la calophane en résidu. En faisant réagir l'acide chlorhydrique sur l'essence de térébenthine on obtient un camphre artificiel qui a la même saveur que le camphre ordinaire. La formule de cette essence correspond à carbone 10, hydrogène 16. Les propriétés physiques varient selon l'espèce de pin qui la produit, et la méthode de la préparation. Son point d'ébullition est de 161°. Sa densité de 0'86. Avec l'eau donne naissance à un hydrate. Exposée à l'air elle absorbe l'oxigène et se solidifie. S'il y a un peu de colophane, reste incomplète cette solidification et on obtient le composé appellée térébenthine.

Foie de soufre (penta sulfure de potassium). — Il est solide friable, d'une saveur acre alcaline sulfureuse, et d'une odeur d'œufs pourris. Il est soluble dans l'eau qu'il colore d'un rouge clair. Sa dissolution s'altère à l'air traité par un acide, acide acétiuue surtout, il dégage de l'hydrogène sulfuré et laisse dépeser du soufre. Sa composition est de 1 équivalant de potassium et de 5 du

(*) Quand la chaux réagit sur certains sulfures comme celui d'ammonium, elle se combine avec le soufre en degageant de l'ammoniaque et en formant du sulfure de calcium.

soufre. On l'obtient en faisant bouillir une dissolution de sulphydrate de sulfure de potassium avec du soufre en excès. L'acide sulphydrique est chassé par le soufre et elle forme un polysulfure.

Hyèble (Sambucus Ebulus de Lin).—On l'appelle aussi sureau plante. Les propriétés sont un peu plus prononcées que celles du sureau. C'est une plante très-robuste, se reproduisant par ses graines et par ses rizomes, sa taille va jusqu'à un mètre, ses feuilles et ses fleurs ressemblent à celles du sureau. Elles dégagent constamment une odeur repoussante, aussi nul animal, ni nul insecte ne s'y abrite ni attaque ses tiges; elles sont remplies d'une moëlle blanche et abondante. Ses fleurs blanches ombelles forment le sommet des tiges; à ces fleurs succèdent d'abord des grappes de fruits rougeâtres d'abord et noirâtre ensuite. Il croît dans les bois, les haies, toutes les terres et tous les climats lui conviennent. Quelques tiges déposées dans un appartement en chassent les pusses et les punaises. Cet effet est dû à un huile essentielle très-fétide que ses pores dégagent sans cesse, et à laquelle les insectes ne peuvent résister.

Petrole. — Huile volatile liquide qui se rencontre toute formée dans l'intérieur des terres de certaines localités. Sa densité est de 0'854 ; il est insoluble dans l'eau et brûle avec une flamme très-éclairante. Il a une odeur particulière et empyreumatique fort persistante, et une saveur acre. Il asphyxie instantanément tous les insectes qui en sont mouillés.

Stramoine (Datura Stramonium de Lin).—Plante de la famille de Solanées ; elle a un port fort agréable; elle atteint environ un mètre de hauteur; elle est annuelle ; tous les olimats et tous les terrains lui conviennent ; elle est originaire des Indes. Les feuilles sont larges, d'un ver sombre, molles et anguleuses; ses fleurs semblables à un long cornet blond, donnent naissance à une capsule verte, hérissée de fortes pointes dures et piquantes. Tout dans cette plante exhale une odeur vireuse très-pénétrante, et une saveur acre, nauséeuse et très-amère; de sorte qu'elle se forme une atmosphère artificielle, mortelle pour tous les insectes ou animaux qui la respirerait longtemps, aussi tous la fuient-ils. L'action de cette plante sur l'économie est extrêmement délétère, et en fait un des poisons les plus actifs du règne végétal. Cette plante dégage constamment par ses pores un gaz si narcotique, qu'il est fatal à tout animal ou insecte qui s'expose un certain temps à ses exhalaisons.

Sulfure d'ammonium. — C'est un liquide extrêmement fétide. On peut l'obtenir en faisant calciner le foie de soufre dans le sel ammoniac. Ce mélange est soluble dans l'eau comme le foie du soufre, et c'est de sa solution qu'on se sert. Tout insecte atteint par ce liquide reste paralisé et ne tarde pas à périr.

Camphre artificiel composé résultant de l'action de l'acide clorhydrique sur l'essence de térébenthine. La formule est $C^{10}H^{16}HCl$ est solide cristalisé. Les caractères son presque celles du camphre ordinaire. On l'appelle pour ça camphre artificiel au lieu de *monochorhydrate de térébenthine*. Les propriétés varient quand on le met au contact de l'eau. Il est très insecticide.

BIBLIOGRAPHIE

Nous recommandons à ceux qui vundront se dédier à l'étude du phylloxéra, la lecture des ouvrages suivants :

L' excellent traité de Mr. Maurice Girard, intitulé : *Le phylloxéra de la vigne ;*

Les études de Mr. Max Cornu et ses rapports à l'Académie des Sciences ;

Resumé d'une interessante conférence faite au Musée Industriel de Turin par le professeur Alphonse Cossa sur quelques moyens proposés pour détruire le phylloxéra ;

Histoire du phylloxéra, par Mr. J. Lichtenstein ; et son étude sur les Cépages américaines :

Les comptes-rendus des Comités d'Études et de Vigilance, édités par G. Masson, à Paris :

Les Mémoires sur le phylloxéra. présentées à l'Académie de Sciences, par le professeur Mr. Balbiani ;

Les Mémoires presentées à l'Académie des Sciences, par MM. Dumas, Girard, Boutin (aîné), Azam, Cornu et Mouillefert, Duclaux, Balbiani, Planchon, Faucon, Millardet. Roumieux. etc.. etc., édités par G. Masson, à Paris :

La *Phytotomie Pathologique*, du Dr. U. Coste ;

Le *Vade-Mecum de l'Agriculteur*, de Mr. Léon Barral ;

Guérison de la Vigne, par l'higiene naturelle, par Mr. Mazaros ;

Résumé des Conférences donnés à Madrid, par le savant conseiller d'Agriculture, Mr. Mariano de la Paz Graells.

Il y à beaucoup d'autres brochures qui s'occupent de la destruction du phyllovèra, mais nous les passons sous silence, par le peu d'intérêt qu'elles offrent.

TABLE DES MATIÈRES

OUVRAGES DU MÊME AUTEUR

Études sur les corps en ébullition.
In 8.º 32 pages. 1 franc.

Essai sur les forces moleculaires.
Sous presse.

L'Indispensable del Analista.
Ouvrage honorée par la Société Enciclopédique italienne.
Un vol. in 8.º 2'50 francs.

Les nouvelles de couvertes de l' Acoustique. Téléphone, Fonographe et Microphone.
(Inedite).

Recherches sur les terrains calcaires de Barcelone, au point de vue chimique.
(Travail presenté au Congres de Montpellier dans la section chimique).
Sous presse.

LIBRAIRIE FRANÇAISE D'ALPHONSE PIAGET

20, RAMBLA DEL CENTRO, BARCELONE

reçoit ou se charge de procurer tous les livres annoncés dans les Catalogues qu'elle publie mensuellement comme aussi tous les autres ouvrages publiés précédemment.
Commissions de livres français et étrangers.
Abonnements à tous les journaux français et étrangers

EN VENTE A LA MÊME LIBRAIRIE

Etudes sur l' Exposition de 1878, annales et archives de l' Industrie au XIX siecle, par MM. les rédacteurs des Annales du Génie civil, 9 volumes grand 8.º avec 1221 figures et un atlas de 216 planches.

PASTEUR.—*Etudes sur le vin, ses maladies, causes qui les provoquent: procédé nouveau pour le conserver et le vieillir. 1 vol grand in 8.º avec planches, figures, etc.*

LADREY.—*Viticulture et œnologie*
tome 1.er *Viticulture*
» *2.e* *Œnologie (sous presse).*

MAUMENÉ.—*Traité du travail des Vins, leurs propriétés, fabrication des vins mousseux. 1 v. grand 8.º*

GUYOT.—*Etude sur les vignobles de France pour servir à l'enseignement mutuel de la viticulture et de la vinification.*
3 vol. in 8.° avec 971 figures.

GUYOT.—*Culture de la vigne et vinification*
1 vol. in 8.°

CABELLO E IBAÑEZ.—*La vérité sur le philloxéra vastatrix. 1 vol. in 8.°*

D'ARMAILHACQ.—*De la Culture des Vignes, de la vinification et des vins du Medoc.*
1 vol. 8.°

FRANCK.—*Traité sur les vins du Médoc et les autres vins de la Gironde. 1 volume in 8.°*

BOIREAU.—*Culture de la vigne, Vinification, traitement des vins. 2 vol. in 12.°*

COCKS.—*Bordeaux et ses vins. Petit 8.°*

ROBINET. —*Manuel pratique d' analyse des vins. Fermentations, falsifications.*
1 vol. in 12.°

ROBINET.—*Fabrication des vins mousseux.*
1 vol. in 18.°

Machard. — *Traite pratique sur les vins et vinification.*
1 vol. 12.°

Chaverondièr.—*La Vigne et le Vin*
1 vol. 12.°

Aubergier.—*Vinification. 1 vol. in 12.°*

Dubief.—*Traite théorique et pratique de Vinification. 1 vol. in 8.°*

Dubief.—*L' immense trésor des vignerons et marchands des vins. 1 vol. 12.°*

Brun.—*Fraudes et maladies des vins.*
1 vol. 12.°

Husson.—*Du vin, ses propiétés, sa préparation. etc., etc. 1 vol. 12.°*

Dubreuil.—*Les Vignobles. l' olivier, le murier, le noyer, etc. 1 vol. 12.°*

Serigne.—*Maladies de la Vigne. 1 vol. 12.°*

La Bruyère.—*La Vigne et les vins. 1 vol. 12.°*

GAUTIER.—*La sophistication des vins. 1 vol. 12°*

CAUDA É BOTERI.—*Guida pratica alla vinificazione. 1 vol. 8.°*

SELMI.—*Del Vino.*

La maison Rustique du XIX Siecle. 5. vol. grand 8.° avec 2500 gravures.

GASPARIN.—*Cours d' agriçulture. 6 vol. in 8.° et 231 gravures.*

GIRARDIN ET DUBREUIL.—*Cours d' agriculture. 2 vol. in 12.°*

DUBREUIL.—*Cours d' arboriculture. 1 vol. in 12.°*

www.ingramcontent.com/pod-product-compliance
Lightning Source LLC
LaVergne TN
LVHW020048170826
845678LV00001B/493

9782329683812